U0918469

1分钟超强决断法

One-Minute Tips for Effective Decision

[日] 石井贵士 著

徐淑晓 译

中国水利水电出版社
www.waterpub.com.cn
·北京·

内 容 提 要

很多时候，我们把时间浪费在犹豫和做决定上。宝贵的时间，犹豫1秒，就会浪费1秒。犹豫1天，就会浪费1天。

学会决断，就意味着学会制造时间。做善于决断的自己，就能拥有无悔人生。本书通过五大决断法，让您成为能够瞬间做决定的人。通过本书，你将学会掌控自己的人生，告别拖延和优柔寡断，在工作和生活中做出更好的选择。

北京市版权局著作权合同登记图字：01-2017-5365号

图书在版编目（CIP）数据

1分钟超强决断法 /（日）石井贵士著；徐淑晓译
. -- 北京 ：中国水利水电出版社，2017.11（2021.6重印）
ISBN 978-7-5170-5850-2

Ⅰ. ①1… Ⅱ. ①石… ②徐… Ⅲ. ①决策（心理学）－通俗读物 Ⅳ. ①B842.5-49

中国版本图书馆CIP数据核字(2017)第230309号

责任编辑：杨庆川　　加工编辑：孙　丹　　封面设计：张佩战

书　　名	1分钟超强决断法 1 FENZHONG CHAOQIANG JUEDUANFA
作　　者	［日］石井贵士　著　徐淑晓　译
出版发行	中国水利水电出版社 （北京市海淀区玉渊潭南路1号D座　100038） 网址：www.waterpub.com.cn E-mail：mchannel@263.net（万水） sales@waterpub.com.cn 电话：(010) 68367658（发行部）、82562819（万水）
经　　售	北京科水图书销售中心（零售） 电话：(010) 88383994、63202643、68545874 全国各地新华书店和相关出版物销售网点
排　　版	北京万水电子信息有限公司
印　　刷	三河市九洲财鑫印刷有限公司
规　　格	145mm×210mm　32开本　5.5印张　84千字
版　　次	2017年11月第1版　　2021年6月第2次印刷
定　　价	39.00元

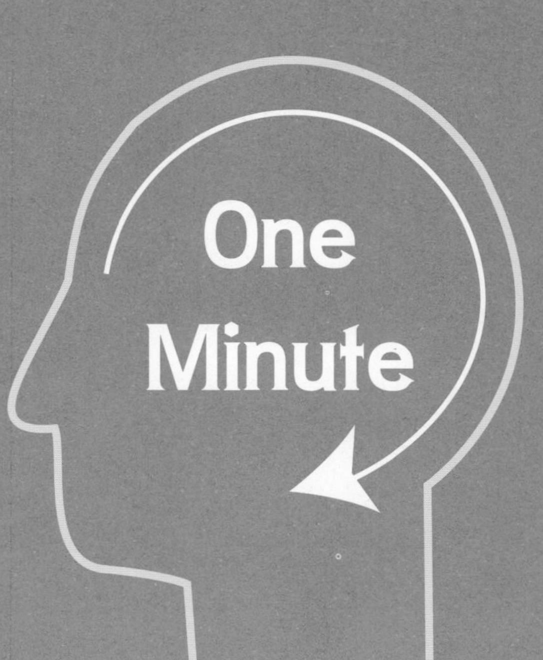
One
Minute

One
Minute

目录 Contents

第二章 NO TIME 决断法：消灭犹豫时间

第三章 TIME CUT 决断法：为人生创造时间

第四章
FLAT 决断法：不被“偏见”束缚

第五章
TEAM 决断法：演好自己的角色

第六章
“自我原则”决断法：掌握人生的方向盘

前言

学习决断法，将犹豫时间变为瞬间

“我是个优柔寡断的人，总是为做决定而苦恼。”

扪心自问，你有没有觉得自己是个“优柔寡断性格”的人呢？这种优柔寡断的性格是与生俱来的吗？

不是的。

因为缺乏“决断原则”，所以难以做出决定。

仅此而已。

决断所需的时间甚至不到1分钟，瞬间就可以。

在做出决断之前，首先制定自己依据的“原则”，这样就不会茫然失措。

比如，受邀参加约会。当然，如果是自己喜欢的对象，就会毫不犹豫百分百地回答“去”。

如果对方可能是个还不错的人，但现阶段还无法确定喜欢与否，这种情况下怎么办呢？

就会产生1秒以上的犹豫吧。

“我并不喜欢这个人，但是她的朋友可能是个美女。”因此而犹豫不决的人也存在吧。

“我对这个男人没有兴趣，但是他要带我去的法式餐厅是之前就一直想去的，还有点意思。”有时也会为此而动摇吧。

你会感到犹豫，就证明你没有自己的决断原则。

应该拒绝呢？还是应该去呢？

事先制定自己的决断原则，就能够在瞬间做出决定。

“除了跟自己喜欢的异性约会，拒绝其他一切约会”，如果有了这一参考原则，即便受到诸如“请你吃烤肉”“请你去现在很流行的娱乐场所”的邀请，也能够瞬间拒绝。

“我是个热爱美食的人，所以并不在乎是否喜欢对方。只要带我去吃好吃的就OK了。”把握住这一原则，就能在瞬间做出是否接受邀请的决定。

决断本身并不困难，困难的是决断之前的深思熟虑。（德川家康）

正如德川家康所言，事先在心中确定不受他人言论左右的决断原则是非常重要的。

来制定自己的决断“原则”吧。

如果没有自己的原则，那会怎样呢?

是的，受他人思想左右的人生在等着你。

朋友都参加工作，我也去工作。

家人说和这个人结婚，我就结婚。

这样，还能称之为你自己的人生吗？

在日常生活中依赖点评网站，选择那些别人评价较高的商店。

买书的时候参考畅销书排行榜，认为大家都买的一定是好书。

如果每天这样度日，那么你的人生就会在别人的影响下结束。

制定自己的决断原则吧。没有决断原则的人生，就像是把人生的方向盘交由他人掌控。

据说，人在一天中要做出300次决断。

如果没有决断原则，你的人生就会在不知不觉间变成他人人生的样子。

拒绝“决断延迟”，就会拥有获得成功的时间。

人生最徒劳的时间，便是犹豫不决的时间。

“是就这样继续在公司工作呢？还是应该辞职

呢？”我曾遇到这样一个人，他为这个问题纠结了10年。10年的时间，可能早都自己创业并且获得成功了吧？

他失去的是10年的“时间”。

正因为没有掌握决断原则，才使他失去了时间。

犹豫10秒，就会失去10秒的时间。

犹豫1个小时，就会失去1个小时的时间。犹豫1年，就会失去1年的时间。

掌握决断原则，就能让犹豫时间最大限度地接近0秒。

有这样一个女性，18岁开始与男朋友交往，“应该与他结婚吗？”犹豫了10年之后，终于在她28岁的时候与他分手了。

从18岁到28岁，这是多么珍贵的10年时间啊！

“与什么样的人结婚”，心中是否明确这一原则，将引导你走向截然不同的人生。

如果她在瞬间就决定与男朋友分手，那么现在或许过着完全不同的生活吧。

消除犹豫时间，今后你的人生会截然不同。

坚持自己的决断原则，即使辞职也没关系。

我自己没有主见，随波逐流，5年也没有做出从公司辞职的决定。

从公司辞职的想法，在进公司的时候就有了。看到优秀播音员前辈工作的样子，我就认识到“无论如何也不会成为播音界的翘楚”。

基本上不与别人交谈，也没有在人前展现过自己，我从这最初的状态立志成为一名播音员。

后来终于如愿以偿，却发现对专业水平的播音员有着更高的要求。

即使去做电台主播，可我之前连收音机都没有听过。

虽然担任过音乐节目的主播，但我天生对音乐没有兴趣，连CD都没有买过。就连看电视，我都觉得是浪费时间，几乎不碰。大学一年级的时候在网球社团，因为不知道和田秋子而被女同学当成傻瓜。

从小就喜欢看电视、听收音机、听音乐的人，在成为播音主持后才会更显身手。明明是自己希望成为播音员而从事这项工作的，却发现并不适合自己。明明知道辞职另谋职业会更好，却犹豫了5年的时间没有做出决定。

“好不容易才成为播音员，就这样辞职太可惜。”

“从公司辞职，无法维持生计怎么办？”

最终还是败给了周围的这些声音而没有做出决断。

“犹豫的时间”是人生时间的浪费。

自此，我决定掌握属于自己的决断原则。

为了使自己成为不被他人言论左右而能做出决断的人，我读了接近500本书。将书中可以作为自己决断原则的语句摘抄到笔记本上。

“犹豫选A还是选B的时候，就选择令自己愉快的。”

“工作方面，不是选择做什么，而是选择与谁一起做。”

……

我不断地将可以作为自己的决断原则，按照一定比例的弹性写下来。

当然，最初的时候会觉得有些话“真好”，但仔细想想又不合适。就这样，每天反复看，反复推敲，终于写出了适合自己的决断原则。

于是，在工作5年之后，我提交了辞职申请，终于与公司说再见了——惧怕辞职，而不敢付诸行动的5年。

这5年间，仿佛双手悬挂在铁栏杆上，恐惧使我不敢丝毫放松。

真正将双手放开后才知道，地面就在脚下10厘米的地方。正是因为缺乏自己的决断原则，才会觉得脚下是万丈深渊。

决断只在瞬间，人生却是永远。

这本书，是以我做公司职员时所写的笔记为原本，加上辞职创业后11年的切身经历而写成的。这是一本能够将你的双手从铁栏杆上解放出来的书。

为了避免犹豫不决，首先确定做出决断时的基本原则

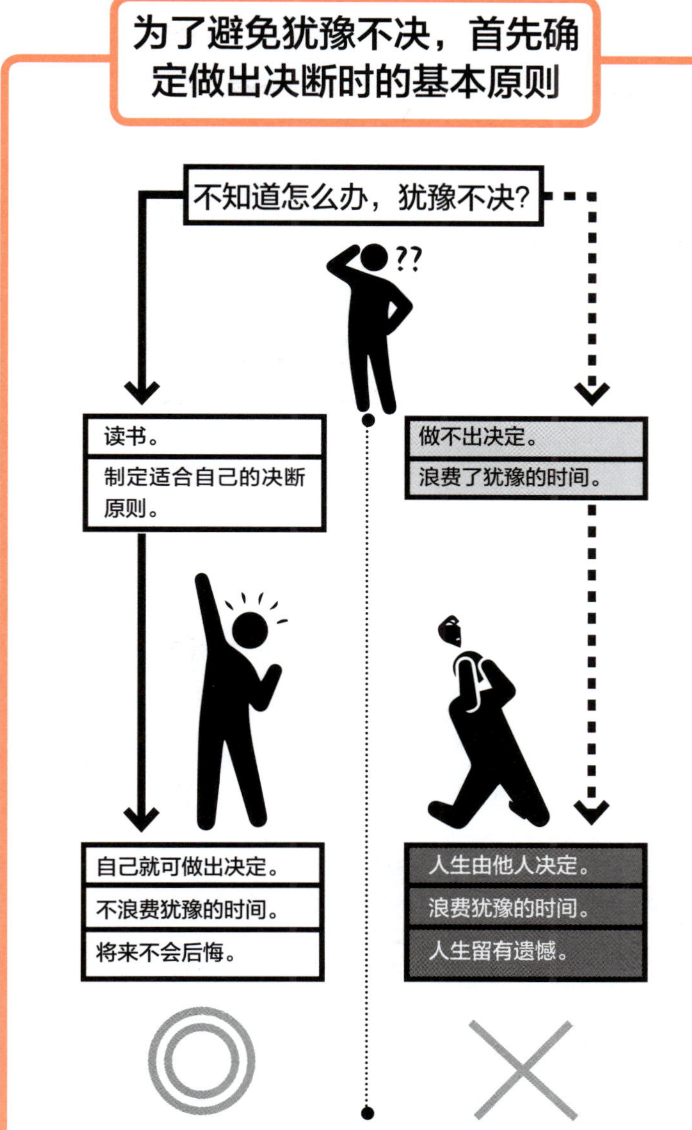

决断只在一瞬间。

而之后的人生却要持续几十年。

为了使做出决断之后的人生更加幸福，需要学习做出决断的方法。

放弃播音员，选择成为作家。当时的决断，成就了现在的自己。

我从一名差劲的播音员，转变成为2009年畅销榜首位、累计销售超过150万本的畅销书作家，正是得益于自己掌握了做出决断的原则。

学习“1分钟决断法”就能掌控自己的人生。

从这本书中，你可以读到以下四点：

1.你将拥有决断后“无悔的人生”

如果能够在瞬间决定是否辞去公司的工作，那么即便留在公司也不会后悔。假如选择辞职，只要符合自己做出决断的原则，之后的人生也一定不会迷茫。

在确定结婚对象时也一样，如果能毫不犹豫地做出决定，那么无论婚否，今后的人生都不会留有遗憾。

决断只在一瞬间。但决断之后、无悔的人生却会永远持续。

2.自己的人生由自己决定，不受他人左右

如果始终按照周围人的意见“这样做比较好”去生活，那么自己的人生就变成按照“他人原则”生活了。

按照父母的意愿生活。按照上司的要求工作。

这样的生活不能叫做自己的人生。人生是自己的，而不是其他任何人的。学会适合自己的决断原则，就能够按照自己的人生准则生活。

通过这本书，你将学会掌控自己的人生。

3.在人生中节省犹豫的时间

犹豫1秒，就会浪费1秒。犹豫1天，就会浪费1天。

那么，通过节省犹豫的时间，就能将时间用在自己更想做的事情上去。

为什么会产生犹豫的时间呢？是因为你没有自己的决断原则。

棒球选手铃木一郎通过实践自己的决断原则“与其追求打率，不如增加安全打数”而取得了优异的成绩。他将注意力从增减不定的打率转移到持续增加的安全打数上。减少因打率变化而或喜或悲的时间，坚持不懈地进行自己的既定训练。

棒球选手新庄刚志就认定“击打坏球的姿势最帅了”。于是，新庄刚志绝杀击打连续坏球的姿势，现在依然存在于很多人的脑海中。

“放弃坏球”是大多数棒球选手的选择。而新庄刚志却没有把时间浪费在“要不要击打”的犹豫上，转而专心练习击打技巧。

节省下犹豫的时间，就可以将这些时间用在自己更应该做的事情上。

4.事前避免产生“沉没时间”

在今后的人生中，有时不可避免地会做出临时性的决定，等到自己意识到，5年、10年已经过去。

“不管怎样，先到这家公司工作吧。”如果没有自己的决断原则而随波追流地从事了自己既不喜欢也不擅长的工作，那么数年的时间就无意义地流逝了。

如果，期间有了孩子，孩子面临升学压力，此时再去考虑辞职将会变得更加困难。

正是临时性的决定，产生了“沉没时间”。

“父母说这个人很好，所以就与其结婚。”按照父母的意愿结婚之后的10年、20年，这正是你的“沉没时间”。

说回我自己，如果不辞去播音员的工作，或许会因为工作不顺、精神压力过高而导致生病住院数年。辞去工作的决定，让我避免了损害健康的时间。

通过制定自己的决断原则，就可以在事前避免产生“沉没时间”。

通过制定基本原则，瞬间就能做出决断。

你为什么在A与B之间犹豫不决？那是因为你缺乏进行决断的基本原则。

在做出决定之前，首先制定进行决断的基本原则，这样就不会再有犹豫的时间。

有些人会犹豫“要不要去1万日元的学习班啊”。如果这个人每小时收入1000日元，那么1小时后这个学习班的价格就变成了1万1000日元。犹豫10个小时后，价格就变成了2万日元。

学会决断，就意味着学会制造时间。这本书就是为了让你成为能够瞬间决断的人。

决断只需瞬间，行动在1分钟之内开始。

这就是“1分钟决断法”。

那么，追求自由的你，快来塑造一个善于决断的自己吧。

石井贵士

第一章

决断原则：自己做出决断的依据

One-Minute Tips for Effective Decision

瞬间决断才是真理

经常有人对我说“石井先生，您对提问总是脱口即答啊”。那是因为在我心中有明确的决断原则，能够当即做出决定。

“瞬间决断才是真义。如果错了，就在随后说‘我放弃’”。只要在心中划定这样的原则，就能轻松做出决断。

反复考虑“如果错了怎么办”的时间，是生命的浪费。如果错了，就大胆说“对不起，我错了”。

所以，做出决断的瞬间不存在“正确”与“错误”的概念。问题在于有没有勇气说出“对不起，我错了”。

我经常在早上九点的工作人员会议上宣布“就做这个，坚决干到底”，但是1小时后又发邮件说“对不起，我决定选择放弃”。

在瞬间做出决断，如果错了，就马上改正。正因为有了承认错误的勇气，才能成为做出决断的自己。

如果错了，就说“对不起，我决定放弃！”

One-Minute Tips for Effective Decision

摒弃"如果错了就糟糕了"的价值观

总地来说，大多数人总想做出正确的决断。然而，实际并非如此。

选择正确的选项，是"判断"。拿出勇气去选择可能正确的选项，才是"决断"。

选择十之八九的人认为正确的选项，是"判断"。

选择十之八九的人认为不可思议，但你觉得可能正确的选项，才是“决断”。

举例来说，犹豫“要不要养条狗呢”，这是“判断”；犹豫“要不要养只长颈鹿呢”，这才是“决断”。

在家中的院子里养长颈鹿，10人中有9人认为不可取。无论如何都觉得这事不靠谱。这种背景下，决定养长颈鹿才是“决断”。

被常识性的事物困扰，归根结底是“判断”。

“要不要跟高富帅交往呢”，这是“判断”。“这个男人背了1亿日元的债，脾气又坏。要不要跟他交往呢”，这才是“决断”。

判断不能塑造个性。决断塑造个性。

与其做判断，不如做决断吧。

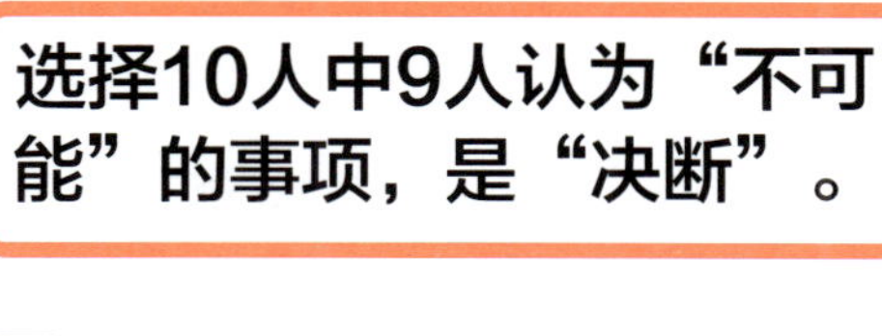

选择10人中9人认为“不可能”的事项，是“决断”。

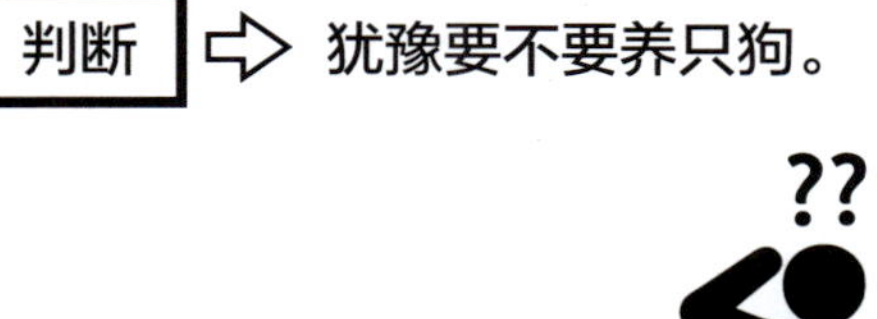

判断 ⇨ 犹豫要不要养只狗。

决断 ⇨ 犹豫要不要养只长颈鹿。

做出决断的人，才有个性。

One-Minute Tips for Effective Decision

即便花费时间，也无法做出超越自身实力的决断

“请瞬间在A和B之间做出选择。”

有人会说：“请让我稍微考虑一下。”

这是时间的浪费。

稍微考虑也好，当即回答也好，都无法实现超出本人实力的决断。

“请投出时速150公里的球。”

“请稍等，我现在开始练习。”即便如此，也不可能投出时速150公里的球。

如果换作棒球选手Yu Darvish的话，在听到要求的一瞬间就能够做到。

在听到要求的一瞬间无法投出150公里时速的选手，即便花费时间也是不可能做到的。

当被问到“要做这个项目吗”的时候，当即就可回答YES或NO。这是根据当时的自身实力，瞬间做出的决断。

如果已经具有了做出决断所需的必备基础，那么瞬间就可以给出答案。如果没有这种准备，无论如何思考都无法给出优秀的答案。因此，**决断不是思考，而是“准备”。**

为了能够做出决断而提前做好准备吧。

决断并不是花费时间越多越好

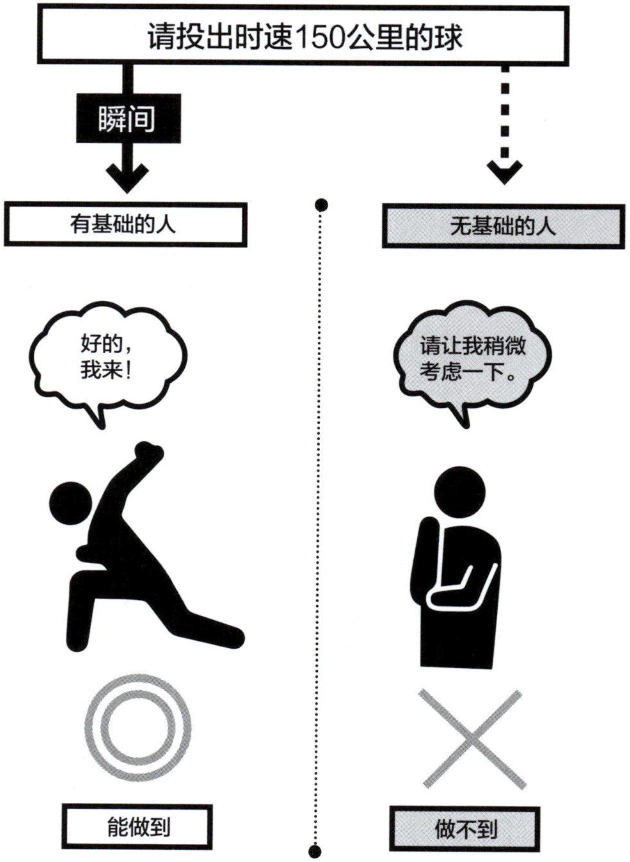

请投出时速150公里的球

瞬间

有基础的人	无基础的人
好的，我来！	请让我稍微考虑一下。
◎	×
能做到	做不到

无论花费多少时间，都无法完成超出个人实力的事。

04

One-Minute Tips for Effective Decision

决断的准确度与输入量成正比

有人说："我每次依靠直觉做出的选择都是错误的。我不相信直觉。"

直觉的准确度与输入量成正比。

①你瞬间做出决断"这笔生意可行"。

②软银集团的孙正义社长瞬间做出决断“这笔生意可行”。

对于以上两个决断，哪一个更正确呢？当然是后者。理由是两者的经验不同。

或许有人认为“花些时间认真思考，就能够做出好的决断”。那么：

①你思考5年做出决断“这笔生意可行”。

②孙正义社长瞬间做出决断“这笔生意可行”。

哪笔生意更可行呢？大多数人会义无反顾地选择后者。

也就是说，在做出决断上花费时间，没有任何意义。**在瞬间决断之前，此前的经验早已决定了胜负。**

为了做到瞬间决断，快来增加经验值吧。

One-Minute Tips for Effective Decision

直觉更有可能给出好的答案

有了充分的准备，直觉就会在做出决断时发挥作用。

例如，在做单项选择的考试题时，谁都遇到过下面这种情况。面对A、B、C、D四个选项："A和B肯定不对。感觉答案是C或D。"

开始时选择C，检查时改成了D，结果答案却是C。

在这种情况下，最初的选择更有可能符合题意。

选择C时=理性+直觉

选择D时=理性+理性

在发挥作用。

无法理解题目说明已经超出了理性的范畴，超出理性范畴的时候，就只能依靠直觉发挥作用了。

“无论如何思考都无法得出答案的时候，请相信最初的选择。”有了这种思想准备，就不会再迷茫。

无论如何思考都无法理解时，就请优先考虑最初的选择吧。

One-Minute Tips for Effective Decision

犯错的次数能够提高决断的准确度

有些人始终在说“不想犯错，不想失败”。然而，正是犯错的体验才能提高下次决断时的准确度。

以棒球赛中预测右飞球的落地点为例。

①做过10次右飞球接球练习的人

②做过1000次右飞球接球练习的人

当然后者在出现飞球时的直觉更加优秀。

更进一步，

①做过1000次右飞球接球练习，但没有比赛经验的人

②做过1000次右飞球接球练习，在比赛中失误的人

后者更有经验。

伴随着懊悔的心情，学到了更多东西。

与胜利相比，失败更能增加一个人的经验。做生意也是这样，失败比成功更值得让人学习。

“从未经历过生意失败”的人总有一天将面临一蹶不振的失败风险。

相反，“经历了10次生意失败”的人，切身体会了失败带来的打击，更加富有经验。

为了增加经验值，就不要怕失败的体验。

失败与经验值的关系
做过10次右飞球接球练习的人
做过1000次右飞球接球练习的人
做过1000次右飞球接球练习，在比赛中失误的人
无论花费多少时间，都无法完成超出个人实力的事。

One-Minute Tips for Effective Decision

要培养直觉，就来读2000册书吧

与仅读过10册书的人相比，读过100册书的人更能给出优秀的答案。与读过100册书的人相比，读过1000册书的人更能做出优秀的决断。

据说，学习的临界时间为2000小时。

婴儿听2000小时英语，就会说英语；听2000小时日语，就会说日语。

我在做播音员的时候，决定要看2000小时的棒球比赛实况。当我看足2000小时的时候，只要眼睛盯着比赛，口中就会自然而然的喊出：“投手投出了第一个球。”

如果你感觉自己“没有决断力”，那是因为你没有阅读2000册相关领域的书。

为了达到瞬间决断的能力，必须首先预留出阅读2000册书的时间。

我在2003年创办公司的时候，就读了2000册书。受益于此，公司第一年的营业额就达到意外的3000万日元。正是因为有了读书作为准备，我才能够凭直觉开始创业。

通过2000小时的学习，来培养直觉吧。

学习的临界时间为2000小时

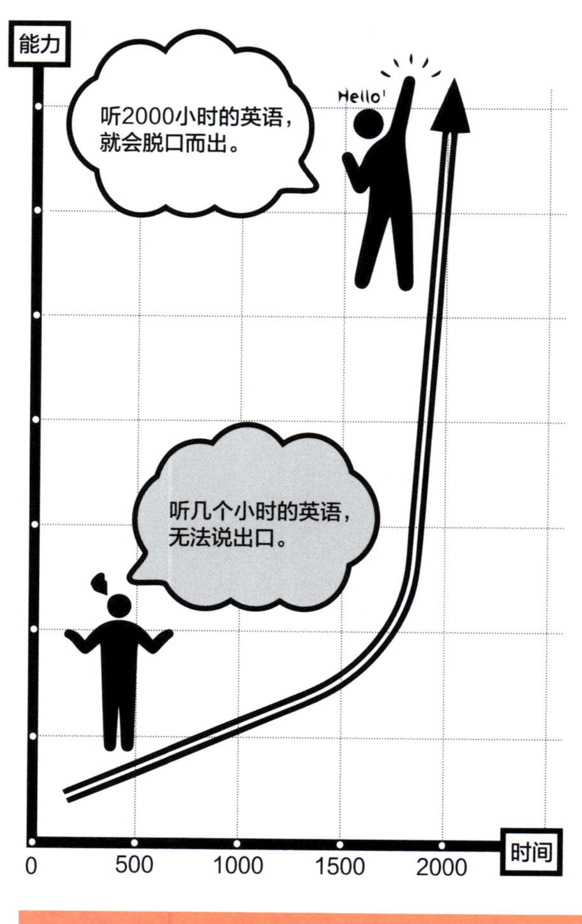

读2000册书，决断的准确性自然会提高。

08

One-Minute Tips for Effective Decision

在餐厅，瞬间决定要点的菜

决断的速度，是由“习惯”决定的。

每次犹豫3秒做出决定的人，总是会为这3秒犹豫不决的时间而苦恼。

每次瞬间做出决断的人，也仅仅是因为习惯。

决断的速度是由习惯决定的

迟缓的

迅速的

在餐厅里，坐下之前决定好菜单。

最好的练习是尝试在餐厅瞬间决定自己的菜单。

看过菜单之后再考虑“要点什么”，这样做就太慢了。

要在看菜单之前就决定好最先要点什么。

进入餐厅、入座之前眼睛就要观察“生啤优惠”“苏打威士忌也很便宜”，入座之后就点餐。

当店员拿过菜单之后再做决定，就已经迟了。走进餐厅入座之前就要决定好最先要点什么。

当店员问“您吃点什么？”的时候，即便瞬间回答“生啤”，也晚了。

店员说“您……”的时候，做出回答也已经晚了。

能够在与店员目光相接的时候说出“生啤！”很重要。

这样做，就可以在观察店内菜单、掌握店员忙碌状况之后点餐。

通过养成瞬间决断的习惯，才能做到全方位地集中注意力。

与细细看菜单相比，速度优先。

有人会说，“我到餐厅，就喜欢悠闲地看着菜单点餐的乐趣。假若瞬间就做出决定，不就无法体会这种乐趣了吗？”

如果放弃速度，只是追求品味菜单，为点哪个菜犹豫不决的话，那么生活将缺乏紧凑的节奏。

至于像约会这样的情况，因为对方的存在而希望慢慢享受二人世界的心情也可以理解。此时只需保持瞬间决断的能力，并配合对方做出慢慢决定的样子就好了。

领导者的决断就是战争。

在战场上，作为领导者的你如果不能及时决断，那么跟随你的部下就有全军覆灭的风险。因此，必须通过餐厅的点菜训练瞬间决断的能力。

①当敌人砍过来的时候拔剑应战

②在敌人拔剑之前将其击倒

只有做到第②项的领导者，才能够切实保护自己的战友。

①店员询问之后再考虑点餐

②店员询问之前就说“生啤！”

应该把这两项看作是战场上的选择一样去考虑。

我将在本书后边的内容中阐述“决断原则”的制定方法。

在店员询问之前，就做出自己的点餐决断吧。

第二章

NO TIME决断法：消灭犹豫时间

One-Minute Tips for Effective Decision

决定“不做什么”也是决断

“来制定决断原则吧。”说到这里，大多数人容易认为这是决定“做什么”的。而思考“不做什么”也是重要的决断。

我决定不打高尔夫球，因为这是浪费时间。一旦开始接触高尔夫，就要拿出时间来练习，还要花费时间去俱乐部购买会员。与其把时间花在这里，不如做些其他工作。

这就是“决断”。

通过决定不做的事情，你会得到更多自由时间。

事前做出决定，就不能动摇。“高尔夫真的很好玩”“打高尔夫球还可以拓展人脉”“一起去国外打高尔夫球吧”，现在仍然不断接到朋友的邀请。

父亲和弟弟都是高尔夫爱好者，现在仍时常对我抱怨：“你就不能将高尔夫作为家庭交流来尝试一下吗？”

我绝对不会去碰。因为我已经做出决定。高尔夫？还是自由时间？我选择自由时间。

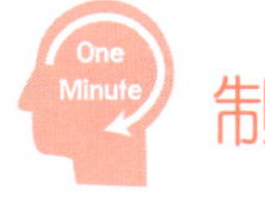

制定规则，并贯彻到底。

One-Minute Tips for Effective Decision

试着以“NO”来回答受到的邀请

我经常用“NO”来回答受到的邀请。

当别人对我说“石井先生，我有一笔好买卖，您感兴趣吗？”的时候，我会瞬间回答“不感兴趣”。在听他阐述具体内容之前，我会当即回答NO。

大多数人的判断标准是“如果赚钱，就去做；如果不赚钱，就拒绝”。从你开始倾听的那一刻起，你做

出的就不再是“决断”，而是“判断”。

我的决定是“不论什么生意，只要是别人邀请我的，我可能都不做”。因为，如果是笔赚钱的生意，他就没有必要来找我，自己做就好了。

自己可以主动邀请他人做生意，但轻易不要接受他人的邀请。

受到邀请时，在听内容之前就可以果断拒绝。

如果倾听对方陈述生意的具体内容，听着听着两个小时就浪费掉了。远不如将这些时间花在自己真正想做的事情上面有意义。

“石井先生，下次我们一起找地方玩吧。”

“不。”

果断拒绝。在听他说去哪里之前就回答NO。如果自己想去某个地方，自己会主动邀请。

“受到邀请的时候，拒绝！”通过坚持这样的原则，可以得到更多的时间。

“下次有个相亲会……”

“不去。”

“我给石井先生介绍一位对您事业有帮助的人吧。”

“不去。”

“一起去游乐场玩吧。”

“不去。”

“一起去国外旅游吧。”

“不去。”

“一起去厕所吧。”

“不去。”

受到邀请，说明邀请的人想去做某件事情。受到邀请的一方总是不如邀请方对这件事情更感兴趣。

接到公司的推销电话时，在他说话之前就予以拒绝。商业邀请也是，任凭对方说的天花乱坠，一律拒绝。

用NO来回答所有的邀请

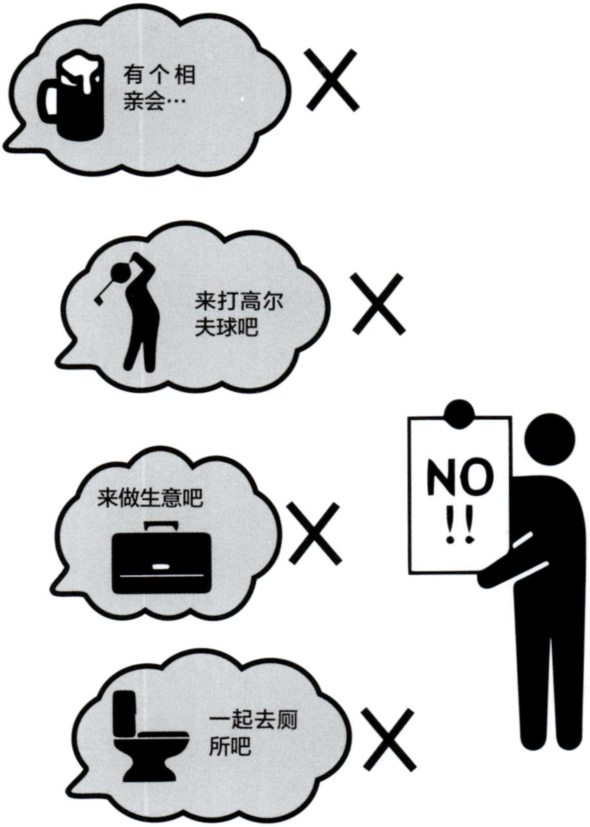

受到邀请的一方不如邀请方更感兴趣。

你的时间，是上天赐予的宝贵财富。为了自己的人生，就不能将任何细微的时间浪费在与他人无谓的交往上。

One-Minute Tips for Effective Decision

制定规则时必定预设例外条款

制定规则非常重要，但若拘泥于规则，也将失去自由。人们是为了自由而制定规则，因此在制定规则时应该设定一些例外条款，这样更能够行动自如。

“拒绝任何邀请”是我的规则，当然也有例外。对于约稿、演讲、采访的邀请，我是接受的。因为这是我自己决定要做的工作。只是，我的规则是将联系人和往来交涉等事宜统统交给秘书室处理。

对于“我想与石井先生当面沟通演讲内容”这样的请求，我是拒绝的。我的规则是只接受“与秘书室确定演讲内容，石井贵士当日出席”的演讲。

只有这样，我才能保卫自己的时间，集中精力进行写作。

这种做法并不等同于演员拒绝出演电视剧。这种做法是为了专注于自己想做的事而拒绝与此无关的杂务。

拒绝无关邀请，专注于自己想做的事吧。

One-Minute Tips for Effective Decision

“失败了就放弃”才能获得下次的机会

“那个人网球打得比我好”这句话意味着有人认为“不能在网球上取胜就是人生的失败”。对于立志于职业网球选手的人来说，这是理所当然的。但对于非职业的人来说，只需要用一颗平淡的心来对待胜负就可以了。

“对于网球打得好的人，我将在其他领域战胜他”，心里明白这个道理，就不会再把时间浪费在网球上。

承认失败是通往成功的起点。

我小时候曾经是少年棒球的三军候补。进入中学后，我就不再打棒球了。因为我意识到自己不可能成为职业棒球选手。正是因为放弃了棒球，我获得了更多的时间。我将这些时间用在学习上，向着优等生的方向前进。

有些人总因为失败而懊悔不已。**也正因为某些失败，从而获得在其他领域的更多宝贵时间，这不能不说是一种幸运。**

可悲的是，在自己不擅长的领域耗费时光，最终碌碌无为。

进入公司后，看到前辈播音员的出色表现，我就意识到“自己不可能成为播音界的翘楚”。也正是在进入公司的第一天，我就做出决定“总有一天我会辞去

播音工作进入其他行业”。得益于此，我现在成了一名作家。

承认失败，开启通往成功的另一条路吧。

One-Minute Tips for Effective Decision

只与喜欢的人一起工作

“只与喜欢的人一起工作”，这也是我的一个规则。

有些人会说“为了赚钱，不得不与讨厌的人一起工作”。这种想法是错误的。因为与讨厌的人一起工作会降低工作的品质，最终造成收入减少。

只与喜欢的人一起工作

与讨厌的人一起工作

短期内可以获得收入，长远来看会损失更多。

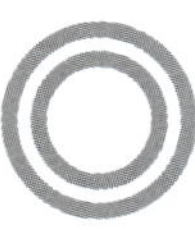

与喜欢的人一起工作

短期内工作减少，长期来看能获得更多收入。

与喜欢的人一起工作才能提升工作品质。

我如果与自己讨厌的编辑一起工作，就会带着怨气进行写作。从短期来看，我确实能够赚到版税。但是，对我来说最大的风险是读者读到了一本低品质的书。一旦读者认为“这个作者的书真让人郁闷啊”，就再也不会购买相同作者的书了。

你有没有为了金钱而与自己不喜欢的人一起工作过呢?

①与讨厌的人一起工作，短期内可以获得收入，长期来看会损失更多

②只与喜欢的人一起工作，短期内工作减少，但长期来看将获得更多收入

大多数人在经历着①这样的人生。你呢?不论别人说什么，都来做②这样的少数派吧。

只与喜欢的人一起工作吧。

One-Minute Tips for Effective Decision

自己为自己的人生负责

有些人会说："话虽如此，但自己是公司职员，不可能只与自己喜欢的人一起工作啊。"

这样的人，只是在

①与讨厌的人一起工作，但获得稳定收入

②宁可放弃稳定收入，也不与讨厌的人一起工作

两个选项中选择了①。

又有人会说：“虽说如此，但是妻子怀孕了，还有2岁的孩子需要抚养。现在不可能从公司辞职啊。”

这样的人是在

①为了稳定的收入而牺牲自己

②宁可放弃稳定收入、让家人露宿街头也要做自己喜欢的事

两个选项中选择了①。

权衡两个选项，必定有所取舍。

所谓，现在的状况“实在没有办法”的说辞是不成立的。

第三章

TIME CUT决断法：为人生创造时间

One-Minute Tips for Effective Decision

通过脱毛，每天都可以节约出时间

有人说：“我已经明白了瞬间决断是怎么回事。但是，短时间内还不能做到瞬间决断。”

这样的人只需要慢慢制定自己的决断原则就可以了。

“决定不去做的事”，仅仅如此，就可以不断地创造出时间。

我推荐的方法是从“脱毛”开始。脱毛后就可以节省下剃毛的时间。

女性的话，脱毛后就再也不用将时间浪费在剃除腋毛和腿毛上。

胡子过于浓密，尤其是络腮胡比较严重的男性，现在就从①②中做出选择吧。

①蓄起胡子做老人

②给胡子脱毛

如果给胡子脱毛，那么每天早上就不会因为浪费时间打理胡子而烦恼了。

当然，脱毛可能会有些痛感，但为了省下时间和打理的烦恼，可以选择脱毛。

你如果梦想在七八十岁时拥有美丽的胡须，那么就不用脱毛了。如果想要每天都节省出时间，还能免去打理的烦恼，那么脱毛是可以的。

02

One-Minute Tips for Effective Decision

恢复视力，每年可以节省出很多时间

我从初中一年级到高考复读时都佩戴眼镜。升入大学后换成隐形眼镜，直到我成为播音员的第四年。右眼视力0.04，左眼0.1。之后我接受了视力矫正手术（LASIK，准分子激光原地角膜消除术），用了一天的时间将视力恢复至左右眼都是1.0。

当然，手术可能会让人感到恐惧。鼓足勇气，可能在翌日就能忘记对手术的恐惧。

感谢这个手术，我每天节省下了佩戴隐形眼镜的1分钟时间和摘除眼镜的1分钟时间，更省下了煮沸消毒的8分钟时间。

恢复视力就意味着创造时间。

如果佩戴普通眼镜，不小心踩坏或碰坏后还要花费时间和精力去配新的。

当然，选择一家好的医院接受视力矫正手术非常重要。

1天10分钟、1个月300分钟，1年节省3600分钟。

恢复视力就意味着创造时间。

不要去一家廉价却失败案例很多的医院简单草率地接受手术。而要寻找一家自己认为“这里最好”的医院，尽早地接受视力矫正手术。

视力有问题，发生地震、躲避灾害的时候，若没有眼镜，或者没有佩戴隐形眼镜，就可能威胁到生命。如果接受了视力矫正手术，任何时候都可以轻松应对。

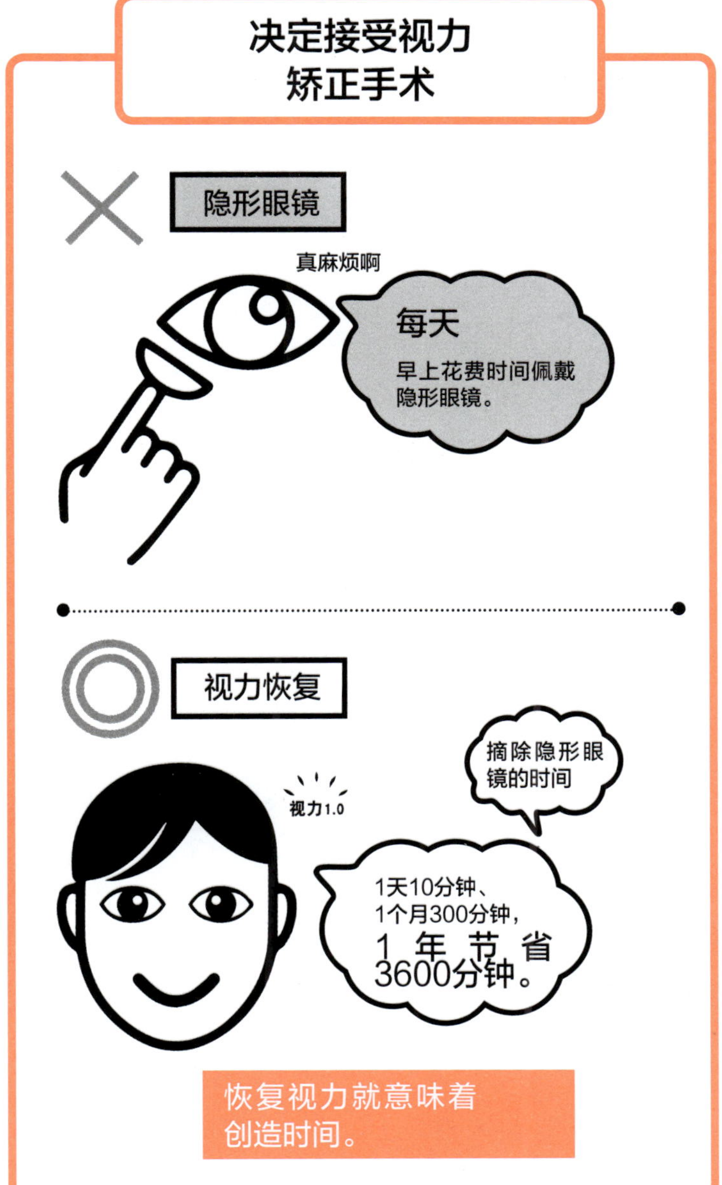
决定接受视力
矫正手术
隐形眼镜
真麻烦啊
每天
早上花费时间佩戴
隐形眼镜。
视力恢复
摘除隐形眼
镜的时间
视力1.0
1天10分钟、
1个月300分钟，
1年节省
3600分钟。
恢复视力就意味着
创造时间。

1年3600分钟！这是我通过视力矫正手术来换取的时间。

有些佩戴眼镜的男子会说："眼镜才是我的形象标志呢。"对于这种情况，只需要佩戴一个装饰性的眼镜就可以了。

有人会说："视力矫正手术有些贵。"看上去是这样。但是考虑一下自己省下了购买隐形眼镜的费用、节省了每天佩戴隐形眼镜的时间，手术也是一个很好的选择。

剩下的，就是勇气。

假设每天佩戴、摘除隐形眼镜的时间为10分钟，那么每个月就可省下300分钟，一年也就是3600分钟。

3600分钟是60小时，也就是48小时+12小时，相当于2天半的时间。

仅仅通过视力矫正手术，你就可以获得更多的时间和自由。

03

One-Minute Tips for Effective Decision

不被商业广告洗脑，自己做出决定

“订婚戒指是三个月的工资”，这也是珠宝公司毫无根据的广告。“情人节要送巧克力”的说法也只是糖果公司的策略。

在2000年前没有巧克力的时候，是没有这种文化的。

我们不能被广告所左右而上当受骗。

“考入好的大学，就能进入大公司工作”的说法，

在当今社会已经变得越来越不可预知。

有个广告说："京都，一起去！"不能被这样的广告洗脑。我不会因为这样的广告，就去京都旅游。

如果你因为看了商业广告而去京都旅行的话，那么就不是你，而是商业广告替你做出了决断。

你的决断原则，只能自己掌握。

如果不能认识到商业广告的洗脑策略并进行反洗脑，那么你只能做出与其他大多数人一样的决断。

"好，我不去京都。"瞬间做出这样决断的人，就是从洗脑中获得解放的人。

拒绝他人替你做决断的人生，选择自己为自己做决断的人生吧。

04

One-Minute Tips for Effective Decision

拒绝泛泛之交，把朋友限定在 10 人以内

有的人吹嘘“我有很多朋友”。往往吹嘘朋友多的人，正是缺乏真正朋友的人。

关于朋友，在两个选项中选择一个吧。

①有很多朋友

②把朋友限定在10人以内

有很多朋友的情况下，乍一看显得不寂寞。但是，朋友越多，用于回复邮件、打电话和应酬的时间就越多。这是时间的浪费。

在我的学生时代，手机还未普及，家里的固定电话是主要的通讯工具。我上高中的时候就对母亲说："如果有无关的人打电话来，就说我不在。"若因此挤占学习的时间，那就太可惜了。

有很多朋友的坏处是，自己遇到困难的时候，不一定能获得帮助。因为朋友们会想"他朋友很多，我的帮助可有可无"。

如果是"只有一个朋友的人"，朋友会想"他只有我一个朋友，所以我必须帮助他"。

朋友不在于数量，而在于质量。不要和真正的朋友日渐疏远。

越少结交无谓的朋友，越能节省时间。

结交的朋友越多，浪费时间越多。

你的人生必定是下面两种中的一种。

把朋友限定在10人以内

有很多朋友

✕ 与朋友交往耗费时间

✕ 有很多朋友的时候，朋友们会想“我的帮助可有可无”

只有10人以内的朋友

◎ 不会有徒劳的应酬

◎ 朋友很少的时候，朋友会想“只有我能帮助他”

①不会交友的人，有很多朋友

②善于交友的人，只有少数几个朋友

对不会交友的人来说，与很多朋友饮酒作乐、喋喋不休地聊天是对时间的浪费。对善于交友的人来说，他们会将这些时间用在事业上或真正朋友的交往上。

“我有很多朋友”并不值得骄傲，而做一个善于交友的人，就应该把朋友限定在最小范围之内。

05

One-Minute Tips for Effective Decision

对于迎新、送别会，只参加第一场活动

新人进入公司，会有迎新会；有人辞职，或者工作调动，会有送别会。再也没有比这更浪费时间的了。

如果把外出饮酒的时间用在独自提高自身能力上会更加有意义。

我在做播音员的时候，播音部的迎新会上，按惯例会让新人表演才艺。

与其说是接受欢迎，不如说是被迫做自己讨厌的事。

从公司辞职的时候，还有送别会。因为是自己主动辞职，所以只想静静地离开。即便如此，仍然有“送别会”。

仅仅是省去了参加迎新会、送别会的时间，我就觉得辞职有意义。

无论如何都必须去的情况下，那就只参加第一场活动吧。

这样就可以节省下参加第二场活动的两个小时时间，也可以降低醉得一塌糊涂而出丑的风险。

我有一个大学同学进入银行工作，他在迎新会的第二场活动上酩酊大醉，抱住前辈女同事不放。

他的丑事迅速成为公司内的谈资，刚刚步入社会就在自己的光明前途上布下了一个阴影。

不参加迎新会、送别会的第二场活动，才是明哲保身的做法啊。

不参加第二场活动，快快回家学习吧。

迎新会、送别会
只参加第一场活动

参加第二场活动

× 浪费时间。

× 有醉酒后出丑的风险。

只参加第一场活动

◎ 有效利用时间。

◎ 没有醉酒出丑的风险。

第四章

FLAT决断法：不被“偏见”束缚

One-Minute Tips for Effective Decision

01

One-Minute Tips for Effective Decision

不被表面信息迷惑，从切身体验中得出答案

有些人总是“根据常识做决定”。

爱因斯坦曾经说过：“所谓常识，就是18岁之前自己所有认识偏见的集合。”

很多人都是根据自己的常识做出决断的。

那么你的常识是什么呢？是“偏见的集合”。所谓偏见，英语中称为bias。很多人都是根据偏见做出决断的。

不论你拥有什么样的决断原则，一旦被偏见所迷惑，是不可能做到瞬间决断的。

不要被偏见迷惑，从切身体验中引得出答案。

比如，一说到“穿着纯白连衣裙的女性”，很多人就会联想到“纯洁的女性”。但是，请仔细想一想。“纯白”仅仅是她所穿衣服的颜色，并不能表明她自身品质的纯洁和美好。

真实存在的是“事实”或者“推论”。“穿着纯白的连衣裙”是事实；“纯洁的女性”是推论。

抛开穿着，通过与其实际谈话和交往，得出“纯洁的女性”这一结论，才是正确的。

不要通过事实进行推论，而是通过自己的切身体验得出答案。

用自己的眼睛去看，用肌肤去感受，才能做出你的决断。

与其信任常识，不如相信自己的切身感受吧。

One-Minute Tips for Effective Decision

不要只用眼睛做决定——“外观偏见”

外表让你的决断变得迟钝。不知道有多少人，未经与对方交流，仅凭外表就做出了判断。

说到“新宿歌舞伎町穿着黑衣服留着长发的男性”，很多人就想当然地认为是男招待。仅凭这些信息，并不足以判定他是男招待，但很多人还是依据惯性思维做出了判断。

说到“从模特事务所走出来的有模特身材的美丽女性”，很多人会认为她一定就是模特。事实上呢，她可能是模特的经纪人，也可能是来此推销保险的职员。

“您好，请问您是模特吗？”

“是的，我是这家事务所的模特。”

只有通过交谈，才能够确定她是模特。

请不要再根据外表武断地做出决定。

外观偏见

从模特事务所走出来的有模特身材的美丽女性

仅凭外表做出判断，就有可能出错。

One-Minute Tips for Effective Decision

03 不知不觉上钩的“美人偏见”

美人说的都是对的，这就是美人偏见。

利用美人销售高端绘画，就是美人偏见在商业上的运用。模特般漂亮的美女优雅地走过来推销“这幅画怎么样啊？”很多人经不住诱惑就购买了。

判断依据不应该是销售人员的外表，而是商品的“质”。

有些外卖披萨会让帅哥骑着自行车配送，那是因为有些客户会为了骑着自行车的帅哥而下订单。

本来，购买绘画，与其相信美女所说的“这是好东西”，不如相信专业鉴定人员的鉴定意见“这是好东西”，并出具鉴定证书，这样更有可能买到好的画作。

然而，还是有人购买了美女推销的东西。

对于外卖披萨也是，美味的总归是美味的，与配送的人没有关系。即便如此，还是有人因为配送的人长得帅而愿意花费哪怕更高的价格。

至于棒球场上卖啤酒的女子，从美女那里买也无所谓。

因为所有人卖的啤酒质量都一样。

价格相同，品质一样的东西，从美女或帅哥那里购买也没关系。

但是，仅仅因为美女或者帅哥的推销就认为是好东西的想法，明显是错误的。

不要被卖东西的人迷惑，根据商品的品质好坏做出决定吧。

04

One-Minute Tips for Effective Decision

“绝不放过那小子”的“嫉妒偏见”

我经常说：“从嫉妒的事情里能找到自己想做的事。”

“不就是有钱吗？拽什么拽？”说这话的人希望自己成为有钱人。

“带着个美女，了不起啊？”这样说的人希望有美女在自己身边。

自己所嫉妒的，其实是潜意识中自己想做的事。

“跟自己讨厌的人走在一起”的人，没有谁会嫉妒。

传闻“最近欠了一屁股债”的人，没有人会羡慕。

“好羡慕啊”的感情中，能够发现自己想做的事。

“那小子竟然跟美女在一起，决不能放过他”的想法，将与美女走在一起的人看作是坏人。

仅仅因为跟美女走在一起就讨厌他，这就是偏见。事实上，正是这个人让自己认识到“我也想跟美女走在一起”。从这一意义上说，他是好人。

“有钱了不起啊，住在高档公寓里臭美。”有这样的想法说明你自己想成为有钱人，梦想住在高档公寓里。

因为嫉妒而把对方当成坏人的想法就是“嫉妒偏见”。

有了嫉妒心理，就快想想是他让你认识到自己想做的事吧。

嫉妒偏见
有钱，
住在高档公寓
带着美女
绝不放过他
请认识到羡慕的事就是自己想做的事。

One-Minute Tips for Effective Decision

反映你潜在欲求的“愿望偏见”

与嫉妒偏见相对的是“愿望偏见”。嫉妒是一种负面感情，而愿望则是正面感情。

如果对某种事情怀有愿望，那么“多余的感情”就会影响正确的判断。

本来是0，也会错误地认为是1。

举个例子，有人会想“我要成为有钱人，包养自己的情人”。这样的人，看到并不出色的老板带着美女秘书时，就会想当然地认为他们是“情人关系”。

这样的想法是自己愿望的投影，不是正确的判断。

请停止自己的愿望投影、主观臆断吧。

当听到“那个人年收入1亿日元”的信息时，带有愿望偏见的人就会说“有了1亿日元，就可以随意包养情人了”。

正是因为自己总是抱有这种愿望，所以才这样臆想。“年收入1亿日元”，仅仅是一条信息。有可能那个人负债100亿日元，年收入1亿日元呢。

一说到“与美女结婚了”，有的人就想当然地认为“每天都很幸福”。正是因为这个人想“与美女结婚”，所以才会有这样的想法。这种想法将自己的愿望投影出来。

不受自己愿望投影的影响、客观地认识事实本身，是非常重要的。

不要投影自己的愿望，努力去认识事实本身吧。

06

One-Minute Tips for Effective Decision

过于相信既往事实的“数据偏见”

“这个选手的打率①是30%。”这样说的时候，你是不是认为下次安打的成功概率是30%呢？

这就是“数据偏见”。将过去的数据作为参考，就可能产生错误。

① 棒球术语，击出安打的成功率，是衡量一个击球手打得好不好的根据。

相信“数字不会撒谎”的人最容易受骗

过去的数据终归是过去的数据，未来会发生什么，谁都无法预料。

“为什么呢？打率30%就意味着下次成功概率也是30%啊。”很多人这样认为。

请仔细考虑一下吧。

当对手是美国职业棒球联赛的Darvish投手时，是30%的概率吗？

当对方是状态不佳、即将降级的投手时，还是30%的概率吗？应该是不同的。

“这是欺骗吗？太过分了。”这样想的人容易受到数据偏见的影响。

相信“数字不会撒谎”的人往往容易被数字欺骗。

信息化社会越发达，越容易被数据偏见所迷惑。未来就是未来，必须与过去划清界限单独考虑。

不要用过去的眼光看待未来，用全新的视角展望未来吧。

过去的数据与未来的结果没有关系。

07

One-Minute Tips for Effective Decision

轻信伟人话语的“权威偏见”

有些人相信“伟人说的，不会有错”。

你是不是认为获得“农林水产大臣奖”的商品“一定是优秀的商品”呢?

正是这些得到某些人物推荐的商品才可疑呢。这些商品如果物美价廉的话，就没有必要去攀附权威了。

看到“×××公认”“×××认定”时，请忽略掉权威独立思考。

看到名人推荐或官方认证，也要谨慎对待，不可全信。

你去购买薯片或者冰激凌，只是因为好吃，不是因为有农林水产大臣的认证。

如果你的判断受到了权威的影响，那就是偏见。

一说到“东大生使用的文具”就认为“肯定很好用”的想法，就是被权威偏见洗脑的结果。

你是不是认为日本“政府的公报”就是“事实，不会有错”呢?

事实上，日本政府公报仅代表政府的正式言论，并不一定是事实。

只代表了“正式表明”这一立场，并没有保证绝对正确。

也不要被“公认”等词汇欺骗了。当看到“政府公认”“东京都认证”时，就请忽略掉这些字眼独立思考吧。

因为可疑所以才攀附权威，请认清这点吧。

08

One-Minute Tips for Effective Decision

夺去消费者思考的“排名偏见”

“畅销榜第一名在这里，第二名在这里。”看到这样的文字的时候，很容易认为第一名比第二名好吧。事实上，这仅仅是一个销售排名。

去买电动剃须刀的时候，商品按照销售排名陈列在一起。一万日元的剃须刀在第二位，两万日元的剃须刀在第一位。

这时候应该思考“这是销售量排名？还是销售额排名？”因为“畅销榜”的字眼故意回避了二者的区别。

众人眼中的好书与你眼中的好书，并非一样。

去书店的时候，看到畅销书排行榜，有没有错以为畅销书就是好书呢？

众人眼中的好书与你眼中的好书，并非一样。

即便看到畅销书排行榜，也不应让它影响自己的购买决定。

日本人非常喜欢排名。很多人认为能够进入排行榜的就是好商品，绝不会考虑排在11名之后的商品。

对于商家而言，制造排行榜可以让消费者毫无顾忌地购买商品，因此不断地创造各种排行榜。

认为进入排行榜就是好商品的想法，是一种偏见。学会抛开排名，寻找好的商品吧。

抛开销售排名，寻找适合自己的商品吧。

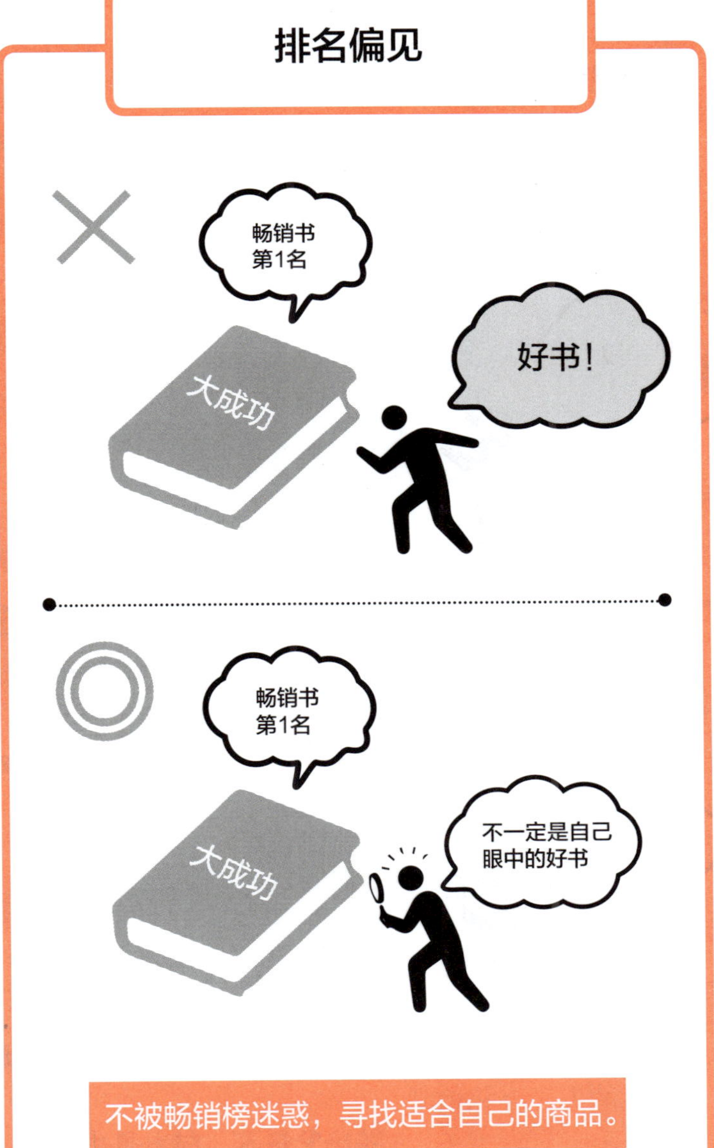
排名偏见
畅销书
第1名
大成功
好书！
畅销书
第1名
大成功
不一定是自己
眼中的好书
不被畅销榜迷惑，寻找适合自己的商品。

One-Minute Tips for Effective Decision

相信报纸、电视的“媒体偏见”

所谓媒体偏见，是指你的思想受到媒体的左右。

举个例子，假设看到“外星人来了！”的新闻标题。

“外星人来了！”（东京体育）

99%的人不会相信吧。

“外星人来了！”（朝日新闻）

这样的话会怎么样呢？心里会想可能是真的吧。

“外星人来了！”（NHK 午间新闻）

这样一来，所有人都会确信“外星人真的来了！”

不轻信电视信息，要相信自己的眼睛。

当被媒体偏见迷惑的时候，就会错误地认为电视上的报道和各大报纸上所刊载的信息都是真实的。

真正重要的不是媒体是否报道。只有亲眼所见、亲自确认的事情，对你才是真实的。

不要轻信电视、报纸，相信自己的眼睛吧。

媒体偏见

不要轻信电视和各大报纸，
要相信自己的眼睛。

10

One-Minute Tips for Effective Decision

谎言重复千遍就成真实——“重复偏见”

大脑总是认为重复出现的东西是真实的。商业广告反复出现后大脑就会认为“这件商品是真的。因为它真的很优秀，所以才这样大张旗鼓地做广告。”

每天早上看到电视节目中的主持人，大多数人会有亲近感。理由仅仅是“每天早上都见到这个人”。

如果在街上偶遇每天早上都能在电视上见到的主持

人，他说："不好意思，我的钱包丢了，能借给我1万日元吗？"大多数人都会不假思索地借给他。

而事实上，我们并不知道这个人是好是坏，我们信任他，仅仅因为在电视上经常看到他。

假设有两个人：

"今天初次见面，非常有好感的人。"

"小学、初中一直是同学，自己并不讨厌的人。"

如果要借钱给其中一人的话，大多数人会选择后者。

"因为以前经常见面"的说法就是"重复偏见"。

我曾经眼见交往十年的朋友陷入困境而决定帮他一把，于是和他一起做生意，结果差点被他卷钱跑路。

"经常见面"和"值得信任"之间没有任何关系。

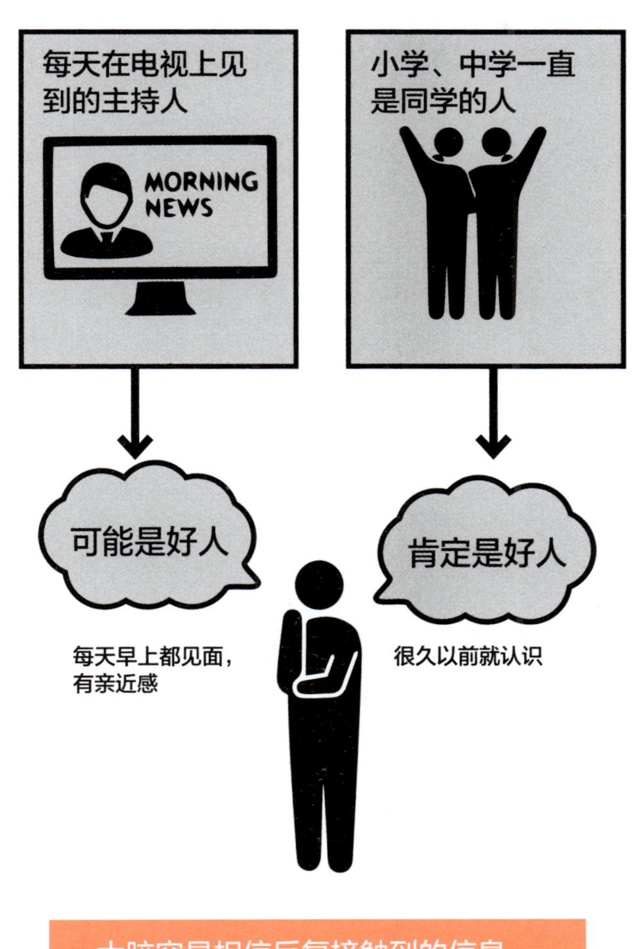
重复偏见
每天在电视上见到的主持人
MORNING NEWS
小学、中学一直是同学的人
可能是好人
肯定是好人
每天早上都见面，有亲近感
很久以前就认识
大脑容易相信反复接触到的信息。

One-Minute Tips for Effective Decision

相信英语价值更高的“片假名偏见①”

日本人英语很差。因此容易认为用英语书写的东西比用汉字书写的东西更上档次。

①一日体验讲座

②One day trial lesson

---

① 日语中的“片假名”主要是标注外来语所用。作者皆在表达在日本国民中存在着“崇洋媚外”的心理。

这两个选项中选择②的人会更多。

①山田太郎的精神讲座

②SPIRITUAL SEMINAR BY MR.Jenifa

大家会不自觉地选择第②个吧。

①管理人员讲座

②EXECUTIVE SEMINAR

认为②是高级讲座并付钱的就是日本人。

虽然内容相同，但是认为用英语标记的东西更加优秀，这就是“片假名偏见”。

书店中的书也是这样。与“著者田中”“著者铃木”相比，“著者Peter”“著者Aleks”这样的书更能吸引读者。

虽然没有“全日本为之感动流泪”这样的宣传标语，但是却有很多人相信“全美国为之哭泣”这种信息是真实存在的。

请不要再根据是否是片假名来做决定了。

片假名偏见

ONE DAY TRIAL LESSON	一日体验讲座
SPIRITUAL SEMINAR BY MR.Jenifa	山田太郎的精神讲座
EXECUTIVE SEMINAR	管理人员讲座

大脑容易相信反复接触到的信息。

12

One-Minute Tips for Effective Decision

过于相信占卜的“神灵偏见”

经常把朋友的劝告当作耳旁风，却十分相信占卜师和预言者的话，这就是“神灵偏见”。

①有人说“黄色的衣服很适合你啊”

②有人说“你今天的幸运色是黄色”

哪种情况下你会穿黄色衣服呢？当然是后者。

神灵偏见

黄色的衣服很适合你哦

哦……

这样啊

你今天的幸运颜色是黄色。

今天必须穿黄色!

占卜师

占卜师的话、普通人的话，都平等地听取吧。

女性往往容易受到神灵偏见的影响，应该特别小心。有很多女性甚至不顾与男朋友的融洽感情，当听到占卜师说“他出轨了，与他分手吧”时，竟然真的与男朋友分手了。她不相信自己与男朋友共同度过的时光，反而相信一面之交的占卜师。

不论是占卜师的话，还是普通人的话，都要平等地听取。

曾经有个人，在街上突然遇到一位素未谋面的占卜师对他说“快与你的父母断绝关系”。他就真的与父母十年未联系。不是因为与父母关系不好，仅仅是因为偶然遇见、并不认识的占卜师的话。

对援助交际的女高中生

①学校的老师说：“援助交际是不正确的行为，请立刻停止。”

②预言者说：“你死去的奶奶在你的背后哭泣。”

第①种场合下，女生会反驳说：“闭嘴！你懂什

么！”第②种场合下女生会放声大哭：“我再也不做了。哇——”

13

One-Minute Tips for Effective Decision

留恋失去的东西——“沉没成本偏见”

在某笔生意上投入了100万日元。因为发展不顺，所以追加100万日元，然而没有起色。再追加200万日元，仍然没有盈利。

这种情况下，假如再有100万日元，怎么办呢？

①追加投入100万日元

②将100万日元投向其他生意

向发展不顺的投资项目追加投入，被称为沉没成本（sunk cost）。

不要被过去的不顺所束缚，请向未来投资。

大多数人不善于忘记失去的东西，总幻想能够失而复得。

有个男人说："我给那个女人50万日元。她不理我，我又给她50万日元。这样还不行，于是又给她买了200万日元的包。这样还不理我。这是诈骗！太过分了！"

向不理睬自己的女性投入300万日元，从最初就没有任何意义。**即便如此，一旦开始投入，人们倾向于认为如果不继续投入直至达到目的的话，之前的投入就打了水漂。**

冷静地考虑一下，将300万日元投入到100名女性身上，更有可能出现中意自己的人。

2005年我曾经在COCORO&PLANET上创办过一

个SNS社交网络。每月花费经费300万日元，盈利只有1万日元左右。我明明知道经营不善，但仍然坚持了3年时间，总共损失超过800万日元。

沉没成本偏见

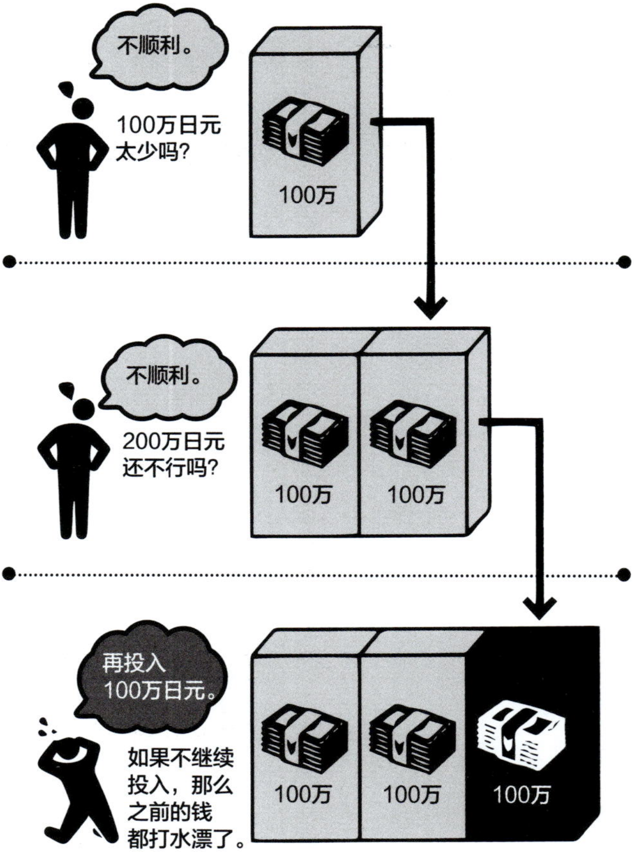

不顺利。

100万日元太少吗？

100万

不顺利。

200万日元还不行吗？

100万 100万

再投入100万日元。

如果不继续投入，那么之前的钱都打水漂了。

100万 100万 100万

不要被过去的不顺所束缚，请向未来投资吧。

第五章

TEAM决断法：演好自己的角色

One-Minute Tips for Effective Decision

01

One-Minute Tips for Effective Decision

只要有领导者，团队也能立即做出决断

有些人说："一个人的时候，尚且可以决断。但是团队共事的时候，往往难以统一意见。"

一个人的决断是自己决定、自己执行，因此没有必要考虑他人。团队共事的时候，是大家共同决定、共同执行，因此必须协调团队的意见。

这样考虑的人应该很多吧。

- **一个人的决断=不必考虑人际关系**

- **团队共事的决断=人际关系非常重要**

如果这样思考，那么就已经陷入误区。

团队决断的诀窍在于明确谁是领导者。“确定领导者，全员服从”，这样就不会在之后的工作中产生纷争。

如果不能明确领导者的地位，那么就会把时间浪费在调整人际关系上。

团队决断的时候，首先要确定领导者。

One-Minute Tips for Effective Decision

团队决断需要明确每个人所扮演的角色

• 领导者的角色=做出决断，仅此而已

• 领导者以外的人的角色=为领导者决断提供材料，仅此而已

这就是团队决断法。

以公司为例，做出决断的是作为领导者的上司。至于参加会议的其他人，其任务是为上司的决断提供参

考意见。

有些人不是领导者，却希望自己的意见被采纳，他们纠结“为什么我的意见不被采纳呢？一定是上司错了！”

这种情况下，犯错的不是上司，而是没有明确自身角色定位的部下。

在会议中所需要的是“角色”。

在桃太郎的故事中，有着小狗、猴子、山鸡等不同角色。如果都来做桃太郎，那么就成了4个“桃太郎”去击退妖怪，也就不能称其为团队了。

“我要让我的意见被采纳。”如果怀有这种动机的人参加会议，那么就会陷入僵局。自己是小狗、猴子、山鸡的角色，却非要去做桃太郎的事。只有明确了自身的角色，才能够去共同击败妖怪。

明确自己被要求参加会议的原因，然后再发言。

会议中最重要的是明确各自的“角色”

如果有些人未明确自身的角色……

自己不是领导者，
却要强推自己的意见

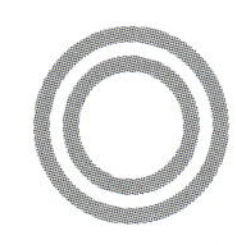

领导者的职责
只是“做出决断”

团队成员的职责是“为领导者决策提供材料”。

财务部的人被要求参会，是希望听到诸如“依据现在的财务状况，是否制定了足以推动项目进度的预算？”“考虑人工成本的话，能否盈利？”等意见。

如果是策划部的话，则是希望听到关于策划的有趣创意。人事部的话，则是希望推荐能够胜任该项目的人选。

如果你不是领导者，那么演好自己的角色是推动会议顺利进行的诀窍。

理解自己的角色定位，剩下的交给领导者

如果只是策划部的会议，那么就不应该出现“预算太高，不现实”这样的意见。策划部要求听到十分有趣的创意。

“关于这次的商业广告制作，如果这样的话可以节省成本。”这种意见不是策划部的人应该说的。

“关于这次的商业广告，我有一个十分有趣的创意，一定能够让人耳目一新。”提出新奇创意的人，才是获得好评的策划者。

在明确自己参会
原因的基础上发言
策划部
成本低！
非常有趣的
创意！
财务部
对我的创意
充满信心！
预算可行！
演好自己的角色是推动会议顺利进行
的秘诀。

强迫对方同意自己的意见，不是会议的目的。领导者发挥领导者的职责，其他人在理解自身角色的前提下阐述见解，这样才能完成一次高品质的会议。

不强推自己的意见，把心思放在建设最好的团队上吧。

One-Minute Tips for Effective Decision

不对对方的专业说三道四，只在自己的专业领域发声

“我虽然是财务部的人，但是我对自己的创意有信心。如果在会议上提出自己的创意，会不会不妥呢？”

当然，各抒己见也是非常重要的。只是，在自己的专业领域之外发言时，最好在表述观点之前说一些诸如“这方面我完全是外行，但是我想……”“我是财务部的，请原谅我……”之类的话，这样你的意见更有可能被接受。

你要明确那些只有自己能够完成的工作，然后发表意见。

假如你是一名医生，当一个完全不懂医学的人对你说“对于这种病，用这个处方不可以吗？应该使用这种药”时，你会怎么办？心中应该会有些许不快吧。“门外汉不要发表意见！”

你被要求参加会议，是希望听到你在自己专业领域的意见。

出版社的编辑会议不会邀请作家出席，因为决定“是否出版这本书”不在作家的专业范畴之内。作家的工作是写出好的作品。编辑的工作是将原稿整理、制作成“书”的形式。发行部的工作是销售出版社的书籍。

你，一定有只有你才能够胜任的工作。

不要中伤对方的专业领域，只在自己的专业领域阐述意见。

有时候，编辑和作者会共同出席策划会议。

这个时候，我绝不会说出“这样制作的话既可以降低成本又可以畅销”之类的话。作者的工作是写出有趣的作品。能不能畅销，那是发行部需要考虑的。制作成本是由管理部决定的。怎样制作成一本优秀的书，是编辑部努力的方向。

“你能否写出这样的书？”这是编辑应该问的问题。

“是的，我可以。”“不行，我写不了。”“与其如此，这样的书更加有趣，我可以写出来。”做出这些回答是作者的工作。

固守自己专业的人更能得到信任。

“这本书怎么样？这本书怎么样？”不断向出版社推销自己的作者反而很难出版书籍。因为出版社会认为“这个人不是畅销作者，所以不得不自己来推销了”。失去出版社的信任，也就更加难以出版书籍了。

以前，我曾经遇到过一位编辑，他认为：“作家只要写出畅销书就可以了。内容无所谓。只要畅销就好了。只要畅销……”

假如他是一名老板，那么这是他的经营理念，其他人没有资格评判。但是作为一名编辑，如果对书籍内容不闻不问，就相当于放弃了自己的工作，会逐渐失去所有人的信任。

为了获得他人的信任，请坚守自己的工作职责吧。

One-Minute Tips for Effective Decision

优先考虑正确的“意见”而不是正确的“人”

有些管理者在听到不同意见时就会认为“你这是在跟我作对”。

事实上，这不是在跟“管理者”这个人作对，而是在跟某种“意见”作对。当自己的意见被否定时，很多人错误地以为是“自己”被否定了。在这种情况下，你没有错，错了的是管理者，应该做出改变的也是管理者。

你自己并没有错，因此只管挺起胸膛就好了。

不要将创意的好坏捆绑到身份地位的高低上。

意见本身与“谁说的”没有关系。创意的好坏与身份地位的高低没有关系。

有时候，部下的话比管理者说得正确，新员工的创意未必不如老板的想法。如果总是采纳职位高的人的意见，那么一开始就没有必要召开会议了。

管理者支持A方案，常务提议B方案，当你表示支持B方案时，就会有人说你是“常务派”。而事实上，意见本身是没有派别的。创意终究是创意，应该将其与人分离开来考虑。

喜欢的人说的话有错误，也要坚决反对。

与发言者本人相比，发言的内容对做出决断更为重要。

我们假设一个场景。

自己暗暗喜欢的一位美女员工说："我认为应该执行这份策划案。"

一位经常说自己坏话、非常讨厌的同事说："我认为不应该执行这份策划案。"

此时，你会同意谁的意见呢?

大多数人都会"同意喜欢的人的意见"吧。

这是"希望获得喜欢的人的好感，不想被认为是讨厌的人"这一潜在心理发挥了作用。

如果发表了与喜欢的人不同的意见，就有被认为"性格不合"的风险。相反，如果与讨厌的人意见一致，就有可能受到"今晚一起喝一杯吧"的邀请。

针对这种场合，正确的回答是"我还没有了解策划案的具体内容，因此无法给出具体意见。"

成为决断参考的，不是发言者本人，而是发言的具体内容。

“说了什么”比“谁说的”更为重要

不被发言者迷惑，
只将发言内容作为参考。

具有模特体型的美女所教授的“错误节食法”和体重100公斤的女性所教授的“正确节食法”之间，毫不犹豫地选择后者。

请不要根据发言者，而是发言内容做决定吧。

05

One-Minute Tips for Effective Decision

声音微小的人的想法更值得倾听

在会议发言中，有些人的声音异常洪亮。大声说话的人显得“信心满满”，容易让人错误地认为他的意见就是好的意见。

声音的大小和创意的好坏，没有任何关系。大声说话的人，或许只有通过高声制造威严才能使自己的意见得到采纳。

好的创意，通常是小声说话的人提出的。因为他们心中通常有些奇妙的想法，想说却又无处表达。

声称“有很多朋友”的研究者往往不可靠。“天天在实验室里，所以没有什么朋友”的研究者反而更值得信任。

奇妙的创意通常是那些沉默寡言、不善交际的人想出的。不人云亦云的人更能带来创新突破。

声音洪亮、性格开朗的人，你即便什么也不做，他也会主动说出自己的意见。在会议中，值得留心的是去询问和倾听那些说话声音微弱到甚至无法听清的人以及那些缺乏朋友的人的意见。只有做到不放弃声音微弱的人的意见，才能最终做出团队的最好决断。

去倾听会议上声音微弱的人的意见吧。

第六章

“自我原则”决断法：掌握人生的方向盘

One-Minute Tips for Effective Decision

One-Minute Tips for Effective Decision

人生的决断，由自己做主

有些人总是在犹豫“要不要跟某人交往呢？还是听听别人的意见吧”。

既然是自己的人生，自己决定，自己执行就好了。跟父母、朋友商量只是参考，而不应该影响你的决断。

以前，我遇到过这样的事。

- **男方：我跟前辈商量后，他认为我应该跟你交**

往。我们试着交往一下吧。

• 女方：好的，请你等几天。我跟朋友商量一下再做决定。

看似笑话，却是真实发生过的。

关于男方，自己喜欢就直接交往，没有必要跟他人商量。确实，对自己的人生而言，与某人交往并非一定是好事。但是，既然是自己的人生，那就自己决定好了。

女方也有同样的问题，自己拿不定主意，要跟朋友商量之后才能决定是否交往。

与其如此，不如让男方的前辈和女方的朋友抛开两人直接决定好了。

你有你自己的人生。如果不能养成自己决定自己人生的习惯，那么这个笑话就不能仅当作是笑话了。

不要依靠跟别人商量，自己做决定吧。

02

One-Minute Tips for Effective Decision

既然下定决心，就不要再跟任何人商量

辞职的时候，不要跟公司的人商量，自己做出决定吧。

如果跟公司的同事商量，消息就有可能泄露给其他人。这样的话，即便最后决定留在公司，公司的环境也已经变得不适合再呆下去。

如果跟上司商量，大多数情况下会得到挽留。上司能力不足通常被认为是部下辞职的原因。

因此上司往往出于自保的目的而挽留你，而不是真心为你考虑。

“那么，至少跟一直照顾自己的同事商量一下吧”有些人这样想。即便这样，也不要跟别人商量，自己的人生自己做主。

既然下定决心，不论跟谁商量，结果都是一样的，请默默提出辞呈。如果决定不辞职，那就不要让任何人知道自己曾经有过这种想法。

这是你的人生，不是其他人的。

即便是上司，他也不是辞职后重获成功的人，因此与他商量毫无意义。

如果一定要找人商量，那就去听听从公司辞职并获得成功的人的意见吧，一定会有所收获。

没有人会去向一个不受欢迎的人征询恋爱意见。因此，向一个没有获得成功的人征询从公司辞职的意见，也是徒劳无益的。

既然下定决心，就默默辞职吧。

人生的决断不必与他人商量

请认识到“这不是他们的人生”。

One-Minute Tips for Effective Decision

人生的重大决定不必与父母商量

有些人总是离不开父母。选择结婚对象，要跟父母商量；从公司辞职，也要跟父母商量。

过了20岁，就学着离开父母自己做决定吧。

当然，像“借款1000万日元”这样可能给父母带来连带责任的事情，还是应该跟父母商量的。

人生是你自己的。人生的决定，由自己做主。

对父母而言，三四十岁的你仍然是孩子。过了20岁，就应该自己选择人生。

不盲从父母的意见，坚持自己的主见。

父母与孩子，生活的时代不同。在终身雇佣制的时代和在公司随时可能破产的变革时代，工作方式存在差异。

父母生活在没有互联网的时代，和你所生活的互联网时代，有着不同的成功法则。

父母有着父母时代的价值观，即便原理相通，也会有很多落后时代的观点。

像结婚这种事，也没必要依据父母的标准。你自己决定，及时通知父母，就可以了。

人生是你的，不是父母的。

不断发起挑战，在失败中体验人生。

迪士尼动画电影《勇敢传说》是一部以亲子关系为主题的伟大电影。

主人公梅莉达是一位任性不羁、热爱自由的公主。而女王则思想保守，不允许尝试任何新鲜事物。女王中了魔咒后变成了一头熊。

梅莉达对母亲说："您现在被变成了熊，如果不藏起来就有可能被猎枪击中，所以请您一定要规规矩矩老实呆着。"

女王对梅莉达说："虽说我被变成了熊，但是规规矩矩什么的，我可做不到。我要自由的生活。"

平时，都是梅莉达向往自由，母亲出面阻止，现在变成母亲向往自由，梅莉达出面阻止，两人角色正好对调。

在父母的思想里，不让孩子经历失败是第一位的。而在孩子看来，能够自由地去发起挑战，才是第一位的。

在理解父母心情的基础上，自由决定自己的人生。

One Minute 自己的人生，自己做主吧。

不断发起挑战，在失败中体验人生吧

父母

不希望自己的孩子失败

这个公司怎么样啊

与这个人结婚怎么样啊

不去尝试?

在理解父母心情的基础上自由决定吧。

04

One-Minute Tips for Effective Decision

若想人生不后悔，还需自己把握方向盘

乘坐汽车的时候，如果你自己把握方向盘，那么就可以自由地去往你想去的地方。如果他人把握方向盘，你只是被带往他人要去的地方。

所谓做出决断，就是要自己把握方向盘。

“因为上司这样说的，所以我这样做了。”

这是上司在把握方向盘。

“我不能违背妻子的意愿。”这是妻子在把握方向盘。

“与朋友商量后再做决定。”这是朋友在替你把握方向盘。

与决断之前的人生相比，更要珍惜做出决断之后的人生。

公司职员，就是将自己人生的方向盘交给公司来把握。岗位调动，由公司决定。公司何时破产，也是由公司的状况决定的，你自己完全无法左右。

如果自己成立公司，那么公司的销售额增加或减少，都是由你自己决定的。想休息的时候就休息，想工作的时候就工作，完全不必在意“一天只工作8小时”。

自己把握人生的方向盘。高兴时就工作，不高兴时就休息，就是这么简单。

人生的方向盘，不能委予他人，自己牢牢把握吧。

One-Minute Tips for Effective Decision

选择与周围“不一样”的人生，而不是“相同”的人生

“大树底下好乘凉”

话虽如此，但是在当今时代，坐在大树底下就要承担大树倒下时被压的风险。

不要坐在大树底下，离开那里，去过自己独有的人生。

与周围保持一致，虽然“安心”但未必“安全”。

①乘坐豪华客船，将方向盘委予他人

②乘坐小型快艇，自己把握方向

很多人会认为选项①更加安心。

但是，选项②才更加安全。

面对突然出现的礁石，选项①中的你将束手无策。选项②中的你却可以轻松躲避。当然，这要建立在自己有一定技术的基础之上。

与周围保持一致，虽然“安心”，但未必“安全”。

最安全的方式是，能够自己做出决定。随机应变才能适应时代需求。

如果一个项目必须经过主管、经理、总经理层层盖章后才能决定，那么这样动作太慢了。虽然安心，却有被其他公司抢占先机的风险。

自己做出决定，往往伴随不安的心理。但是，在追

求速度的时代，只有能够时刻保持自己做出决定的状态，才能确保安全。

与安心相比，还是选择安全吧。

人在与周围保持一致时获得安心感

与周围保持一致的安心。

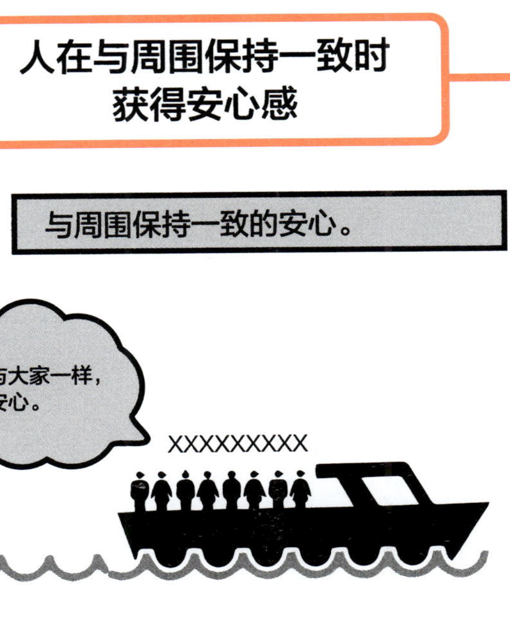

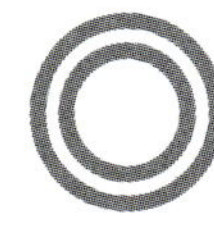

自己能够做出决定，才能安全。

与安心相比，选择安全。

One-Minute Tips for Effective Decision

自己的人生自己决定，不应受他人左右

公司白领无法决定自己的年收入，这是由公司决定的。是的，自己的收入是由自己之外的人决定的。如果是企业家，就可以自己决定自己的年收入。

至于每天的工作内容，公司职员也无法自己决定，而是由上司决定的。但对老板来说，就可以去做自己喜欢的事。

人生不是“注定”的，而是“决定”的。

“注定”与“决定”，一字之差，天壤之别。

所谓“注定”，是指自己意志之外的第三者做出的决定。所谓“决定”，是指你自己做出决定，而非他人。

有“我的人生早已命中注定”这种想法的人没有去争取决定自己人生的权利，而是将自己的人生委托给了他人。

有“我的人生我做主”这种想法的人，把自己的人生牢牢抓在手里，决不会交给第三者。

①注定的人生

②决定的人生

毅然选择决定的人生。

放弃“注定的人生”，选择“决定的人生”吧。

后记

失败，可以通过努力转变为成功。

判断，有着正确答案；决断，并没有固定的正确答案。做出选择之后，努力将结果引向正确，这就是决断。

①进入自己最期待的公司工作

②进入自己最不愿去的公司工作

对于以上两个选项，有90%的人会认为①是正确的。但是，设想下面的场景。

③进入自己最期待的公司工作

因为对工作充满期待，所以每天早出晚归。结果错过了与异性接触的机会，四五十岁还是单身。

④进入自己最不愿去的公司工作

因为讨厌工作，为了纾解心情每晚参加异性朋友聚会，遇到心仪的异性，组成美满的家庭。之后，跳槽到其他公司工作。

对于这两个选项，90%的人会认为后者的人生更美好。

对于判断，失败意味着结束；对于决断，即便开始失败了，只要之后努力将结果引向正确就可以了。

如果始终犹豫不决，那就去做“内心指引”的决断吧。

对于判断而言，存在着正确与否的问题，容易受到

“他人原则”和“社会原则”的左右。所谓“他人原则”是指在意“别人会怎么想”；所谓“社会原则”是指在意“从社会常识来看，会怎么认为呢”。

对于决断而言，不存在正确与否的问题。最终只需要根据自我原则“你自己怎么想”做出决定就可以了。摒弃他人原则、社会原则，根据自我原则做出的决定就是决断。

那么，根据自我原则仍然无法决定的事情，怎么办呢？

这种情况下，就通过“心灵法则”来决定吧。也就是去做“听从内心的指引”。

“在街上遇到搬运重物的老奶奶，步履维艰。要帮助她吗？还是不帮呢？”此时，帮助老奶奶搬运重物应该更能够让心灵愉悦，那么就做出“帮助老奶奶”的决定。这就是通过“心灵法则”来做出决断。

“在街上遇到搬运重物的老奶奶，但是我自己有急事，眼看就要迟到了。此时要帮助她吗？还是不帮呢？”这时就考虑一下“心灵”会怎么想。

如果你认为“心灵”知道自己很急，但还是会为我帮助老奶奶而感到高兴，那么就去帮助老奶奶吧。

“不，心灵更愿意看到自己努力工作不迟到的样子”，那么就不要在意老奶奶的事，专心去工作吧。

所谓“别人会怎么想”的他人原则，没有任何意义。“社会传统会怎么认为”的社会原则也不能完全接受。决断只需要关注自我原则，即“自己怎么办”。

自我原则仍然无法做出决定的时候，那就使用心灵法则。思考“如何选择，是听从内心的指引”，从而做出决断。

通过这本书，你应该具备了制定“自我原则”的能力。自我原则无法决定的事情，就使用心灵法则来决断。这样，可能不会令他人、社会和自己满意，但至少听从了自己内心的指引。

石井贵士